BEI GRIN MACHT SICH IHR WISSEN BEZAHLT

- Wir veröffentlichen Ihre Hausarbeit, Bachelor- und Masterarbeit

- Ihr eigenes eBook und Buch - weltweit in allen wichtigen Shops

- Verdienen Sie an jedem Verkauf

Jetzt bei www.GRIN.com hochladen und kostenlos publizieren

Bibliografische Information der Deutschen Nationalbibliothek:

Die Deutsche Bibliothek verzeichnet diese Publikation in der Deutschen National-
bibliografie; detaillierte bibliografische Daten sind im Internet über http://dnb.d-
nb.de/ abrufbar.

Impressum:

Copyright © 2004 GRIN Verlag, Open Publishing GmbH
Druck und Bindung: Books on Demand GmbH, Norderstedt Germany
ISBN: 9783640628391

Dieses Buch bei GRIN:

http://www.grin.com/de/e-book/151245/regionale-innovationsunterschiede-in-
europa

Roland Spitzlinger

Regionale Innovationsunterschiede in Europa

GRIN Verlag

Institut für Wirtschaftsgeographie,
Regionalentwicklung und Umweltwirtschaft
Abteilung für Stadt- und Regionalentwicklung
Wirtschaftsuniversität Wien

Regionale Innovationsunterschiede in Europa

Proseminarbeit aus Stadt- und Regionalentwicklung

WS 2004

Roland Spitzlinger

Wien, April 2004

Inhalt

1   Einleitung

Die vorliegende Arbeit wurde im Rahmen des Seminars Regionalentwicklung und Innovation erarbeitet. Sie beschäftigt sich mit der Frage wie Unterschiede in der Innovationstätigkeit gemessen werden können. Außerdem zeigt sie die Innovationsunterschiede in den Regionen der Europäischen Union (EU) auf.

Die Arbeit fügt sich damit in den größeren Rahmen der regionalen Innovationsforschung, welcher in den letzten Jahren einen enormen Popularitätszuwachs, sowohl in der wissenschaftlichen Forschung als auch auf der gesellschaftspolitischen Ebene verzeichnen konnte. Unter anderem wird argumentiert, dass es sich bei *Innovation* überhaupt um einen der wichtigsten Faktoren zur Bestimmung der regionalen Wettbewerbsfähigkeit einer wissensbasierten Wirtschaft handelt. Beispielsweise wird die ökonomische Stärke der Vereinigten Staaten auf deren führende Position bei der Innovationstätigkeit zurückgeführt. Die regionalen Unterschiede beim Einkommen und in der Produktivität, welche (zumindest teilweise) auf eine unterschiedlich starke Innovationskraft zurückgeführt werden können, legen eine lokale Verankerung des Phänomens *Innovation* nahe. Daher sind es vor allem Regionen und nicht Staaten, die den (innovativen) Erfolg oder Misserfolg einer Regionalwirtschaft determinieren. Wird nicht gegengelenkt, muss davon ausgegangen werden, dass sich die regionalen Unterschiede und die damit verbundene Kluft zwischen armen und reichen Regionen in Zukunft noch verstärken. Es ist daher nicht verwunderlich, dass die EU seit einigen Jahren die Steigerung der Innovationstätigkeit (vor allem in unterentwickelten Regionen) nach Kräften unterstützt.

Um den Prozess gezielt steuern zu können sind aussagekräftige Daten über die Verhältnisse in den Regionen unumgänglich. Wie diese Informationen beschafft werden können und wie die einzelnen Regionen in Sachen Innovationstätigkeit abschneiden soll hier behandelt werden. Die Fragestellung unterteilt sich somit in zwei Hauptbereiche:

a.   Wie können Innovationsunterschiede gemessen werden?

b.   Wie sind diese Unterschiede in den europäischen Regionen ausgeprägt?

In ähnlicher Weise ist auch die Arbeit gegliedert. Kapitel zwei behandelt die Datenverfügbarkeit sowie die am häufigsten verwendeten Messmethoden, welche gemeinhin Anwendung finden. In Kapitel drei werden die gebräuchlichsten Indikatoren und deren Ausprägungen in den europäischen Regionen dargestellt und kritisch beleuchtet. Zum Abschluss werden in Kapitel vier die wichtigsten Punkte und Ergebnisse noch einmal übersichtlich zusammengefasst.

2   Wie können Innovationsunterschiede gemessen werden?

Um sich einen ersten Überblick zu verschaffen um welches Phänomen es sich beim Thema Innovation handelt ist es zunächst sinnvoll den Begriff genauer zu definieren.

Nach Joseph Schumpeter, dem Begründer der ökonomischen Innovationstheorie ist Innovation *„...die Durchsetzung einer technischen oder organisatorischen Neuerung, nicht allein ihre Erfindung. Innovator ist der schöpferische Unternehmer (im Gegensatz zum Arbitrageunternehmer, der lediglich vorhandene Preisunterschiede zur Gewinnerzielung ausnutzt), der auf der Suche nach neuen Aktionsfeldern den Prozess der schöpferischen Zerstörung antreibt. Man unterscheidet unter anderem technische, organisatorische, institutionelle und soziale Innovationen"* (Schumpeter 1952).

Wichtig erscheint dabei die Unterscheidung zwischen Erfindung und Innovation. Eine Region wird in dieser Arbeit nur dann als innovativ bezeichnet, wenn es ihr gelingt technische, organisatorische, institutionelle und/oder soziale Neuerungen nicht nur hervorzubringen sondern diese auch umzusetzen. Wie der Erfolg der einzelnen europäischen Regionen auf diesem Gebiet gemessen werden kann, wird im Abschnitt 2.2 dargestellt. Zunächst soll die Schwierigkeit der Datenbeschaffung verdeutlicht werden.

2.1   Datenverfügbarkeit

Beinahe sämtliche Daten, die für die Messung regionaler Innovationsunterschiede in Europa infrage kommen, werden vom Europäischen Statistischen Zentralamt (Eurostat) bereitgestellt. Der Umfang dieser Datenreihen ist allerdings stark begrenzt. Die bis vor wenigen Jahren noch national organisierte Datenerhebung und die damit verbundenen Probleme der internationalen Vergleichbarkeit hinterlassen ihre Spuren. Das Problem wird dadurch verschärft, dass ältere nationale Statistiken nur sehr schwer und mit hohem Aufwand umgeformt und damit über Ländergrenzen hinweg vergleichbar gemacht werden können. In den meisten Analysen bleiben diese daher unberücksichtigt. Erst seit einigen Jahren werden die Regionalstatistiken von den nationalen Behörden einheitlich ermittelt und für Sekundärdatenanalysen aufbereitet. Beträchtliche Fortschritte im Aufbau der *„Regio-Datenbank"* brachte der *Zweite Bericht der Europäischen Kommission zu Forschungs- und Technologieindikatoren* (siehe EK 1997). Weitere Verbesserungen können dank der anhaltenden Europäisierung in der Datenerhebung, speziell im Zuge der EU-Osterweiterung erwartet werden.

Vereinzelt werden von Eurostat auch eigene europaweit angelegte Umfragen durchgeführt, die für internationale Vergleiche herangezogen werden. Besonders erwähnenswert für die Regionalforschung ist der *„Labour Force Survey"*, welcher die Bereiche Arbeitskräfte und Unternehmen umfasst.

Untergliederung in NUTS Ebenen

Je nach Erhebungsmethode stehen die Daten für unterschiedliche Territorialebenen zur Verfügung. Das dafür zugrunde liegende NUTS[1]-Schema gibt den Kategorisierungsraster vor. NUTS 2 stellt für regionalpolitische Analysen die wichtigste Ebene dar. Sie umfasst die statistische Einheit der 210 europäischen Basisregionen. In Österreich sind dies die neun Bundesländer. NUTS 1 entspricht einer größeren Ebene, wofür in Ländern mit relativ kleinen Basisregionen, diese zu einem größeren Ganzen zusammengefasst werden (z.B. Wien, Niederösterreich und Burgenland zu „Ostösterreich"). Eine auf der anderen Seite noch feinere Aufgliederung etwa bis auf die Bezirksebene ist aufgrund der aufwendigen Datenerhebung nur vereinzelt verfügbar.

Ein Problem bei der Analyse stellen die zum Teil starken Unterschiede in der Größe und Anzahl der europäischen Regionen dar. Während Österreich auf NUTS 2 Ebene neun Regionen aufweist, sind dies in Belgien und Irland bei ähnlicher geographischer Größe nur jeweils drei. Auch wenn das NUTS-Schema hier gewisse Abhilfe schafft, können gewisse Verzerrungen in beide Richtungen nicht ausgeschlossen werden. Die Statistiken kleiner Regionen sind anfällig für abrupte Abweichungen, da die Situation einer einzelnen Firma den Innovationserfolg der gesamten Region beeinflussen kann. Bei großen Regionen stellt sich die Frage, inwiefern hier die Lokalisation erfolgreicher Innovationsgebiete überhaupt möglich ist.

Weitere Datenbanken

Neben den Datenbanken der Europäischen Union werden bei Analysen vereinzelt auch die jährlich von der Organisation für wirtschaftliche Zusammenarbeit und Entwicklung (OECD) publizierten Indikatoren zu Forschung und Entwicklung (FuE) und die European Regional Database des Instituts für Ökonometrie der Universität Cambridge herangezogen. Kommerzielle Studien diverser Consulting Institute runden das Angebot an Datenmaterial ab. Dennoch kann die Verfügbarkeit von Statistiken weiterhin als die Achillesferse der europäischen Regionalforschung bezeichnet werden. Nur wenige Indikatoren, die weiter unten noch ausführlich diskutiert werden sind flächendeckend erfasst. Bis einigermaßen aussagekräftige Zeitreihen zur Verfügung stehen werden noch einige Jahre vergehen.

Die begrenzte Auswahl an erfassten Indikatoren hat aber auch positive Effekte. Notwendigerweise müssen sich Regionalforscher weitgehend auf dieselben Datenquellen beziehen. Dies erleichtert mitunter die Interpretation und Vergleichbarkeit der Ergebnisse.

---

[1]NUTS: (Nomenclature of Territorial Statistical Units) ist ein fünfstufiges, hierarchisch aufgebautes Klassifikationssystem zur Kategorisierung Europäischer Regionen. Ziel ist eine einheitliche Datenerhebung, -verarbeitung, sowie eine Harmonisierung der Regionalstatistik für sozioökonomische Regionalanalysen zur Formulierung regionalpolitischer Initiativen. Für weitere Informationen siehe: http://europa.eu.int/comm/eurostat/ramon/nuts

2.2 Messmethodik

Verschiedene Studien verwenden verschiedene Methoden um den theoretischen Begriff Innovation im regionalen Kontext zu erfassen. Die wichtigste d.h. von den meisten Autoren angewandte Methode ist die Messung mittels Indikatoren. Dabei wird versucht regionale Innovationsphänomene mittels quantitativer Methoden darzustellen. Es gibt aber auch vereinzelt Versuche mithilfe zum Teil qualitativer Methoden den Systemcharakter stärker in den Vordergrund zu stellen. Aufgrund der überragenden Bedeutung strikt quantitativer Methoden wird in weiterer Folge vor allem die erstgenannte Messmethode dargestellt. Dabei sollen jedoch auch die Grenzen dieser Herangehensweise zur Sprache gebracht und mögliche Alternativen aufgeworfen werden. Insbesondere wird auf die Arbeit „*Innovationspotenziale deutscher Regionen im europäischen Vergleich*" (siehe Gehrke und Legler 2001) und auf den Aufsatz „*Regionale Innovationsmuster*" (siehe D'Agostino 2000) näher einzugehen sein.

Quantitative Messung regionaler Innovationsunterschiede

Um regionale Innovationsunterschiede sichtbar zu machen werden zunächst möglichst viele potentielle Indikatoren herangezogen und auf ihre Tauglichkeit hin überprüft. Wie bereits erwähnt orientieren sich die Autoren dabei stark an der Verfügbarkeit von Daten. Je nach theoretischer Orientierung und Ziel der Untersuchung werden aus diesem Reservoir an Datenreihen dann einige wenige Faktoren herausgegriffen und gegebenenfalls zu einem *Index der regionalen Innovationstätigkeit* zusammengefasst.

Dieser Vorgehensweise bedient sich auch die wichtigste Institution bzw. der wichtigste Auftraggeber europäischer Regionalforschung, die Europäische Kommission. Der Grund für das Engagement ist ein politischer. Im Jahr 2000 verschrieb sich die Europäische Union dem Lisabon Ziel, Europa bis zum Jahr 2010 zum wettbewerbsfähigsten und dynamischsten wissensbasierten Wirtschaftsraum der Welt zu machen. Um die Fortschritte auf dem Weg im Auge zu behalten gibt die Europäische Kommission seither jährlich eine Evaluationsstudie in Auftrag, welche sowohl die nationale als auch die regionale Ebene untersucht. Die Ergebnisse werden laufend im *European Trend Chart on Innovation*, genaugenommen in dessen statistischem Teil, dem *European Innovation Scoreboard (EIS)* veröffentlicht. Das *European Innovation Scoreboard: Technical Paper No 3* (siehe EK 2003) befasst sich speziell mit dem Vergleich europäischer Regionen. Es beinhaltet eine Beschreibung der angewandten Methode und gibt einen Überblick über die aktuelle Situation in den Regionen. Die Studie ist die vollständigste Auflistung weithin verbreiteter Innovationsindikatoren und dient daher infolge als Basis für weitere Ausführungen.

European Trend Chart on Innovation

Die Studie der Europäischen Kommission über regionale Innovationsunterschiede setzt methodisch auf eine breite Basis von 13 Indikatoren, welche den vier Blöcken *Humankapital, Wissensproduktion, Übertragung/Verbreitung von Wissen* sowie *Finanzierung, Output und Märkte.* zugerechnet werden können. Eine adäquate Beschreibung dieser Bereiche durch die Indikatoren soll in Summe ein möglichst genaues Bild der tatsächlichen regionalen Innovationstätigkeit geben. Gleichzeitig soll die große Zahl an Faktoren die Robustheit der tendenziell unsicheren Einzelkennziffern verbessern. Die einzelnen Indikatoren werden im Kapitel 3 eingehend diskutiert.

Regionale Ausprägung vs. Lokationsquotient

Bei der Messung der Indikatoren vergleichen die Autoren die Regionen in dem sie den prozentuellen Anteil z.B. der Akademiker in jeder Regionen messen und diesen dann untereinander vergleichen. Als mögliche Alternative bietet sich der *Lokationsquotient* an. Hier wird mittels Gini-Koeffizienten die Konzentration aller EU-Akademiker in einer Region ermittelt. Es werden also nicht regionale Statistiken miteinander verglichen, sondern man misst den Anteil der gesamten EU-Akademiker an sich, der sich in einer Region befindet. Der Vorteil besteht darin, dass die Verteilung innerhalb der EU stärker zutage tritt. Aussagekräftige Resultate liefert diese Methode allerdings erst bei einer genügend ausgeprägten Arbeitskräftemobilität quer über sämtliche untersuchte Regionen. Der Lokationsquotient ist vor allem in den USA gebräuchlich. In Europa wird die Methode lediglich von der Universität Cambridge angewandt. Beide Methoden liefern annähernd ähnliche Ergebnisse.

Aus den 13 Indikatoren, welche für sämtliche europäischen Regionen inklusive jene der Beitrittskandidaten erfasst, in dieser Studie allerdings nur für die EU Regionen ausgewertet wurden, wird ein sogenannter *„Revealed Regional Summary Innovation Index"* (RRSII) berechnet. Anhand dieser Maßzahl werden am Ende sämtliche Regionen gereiht. Auf Grund der teilweise schwierigen Vergleichbarkeit von Regionen über nationale Grenzen hinweg, müssen bei der Berechnung des Indexes allerdings vorher noch einige Anpassungen vorgenommen werden.

Neutralisierung von Ländereffekten

Viele regionale Innovationsimpulse bzw. Innovationshemmnisse können nicht vollständig vom nationalen Kontext getrennt betrachtet werden. Manche Staaten zeigen in gewissen Bereichen eine geschlossen starke Leistung (z.B. Großbritannien bei der Beteiligung der Bevölkerung an lebenslangem Lernen), hinken aber in anderen Gebieten geschlossen hinterher (z.B. Griechenland bei der Anzahl von Patentanmeldungen). Dafür verantwortlich sind meist unterschiedliche nationale Gesetze und kulturelle Eigenheiten. Soll die tatsächliche Innovationsstärke einer Region gemessen werden, so muss auch die relative Position des jeweiligen Landes mitbedacht werden. Regionen, welche im internationalen Vergleich schlecht abschneiden, sich aber vom Durchschnitt im eigenen Land positiv abheben, sollen in der endgültigen Bewertung begünstigt, Regionen mit guter internationaler Performance bei gleichzeitig schlechtem Abschneiden im nationalen Vergleich niedriger bewertet werden. Um dies zu gewährleisten werden zunächst zwei Indices berechnet. Der *„Regional Summary Innovation Index"* (RSII) vergleicht die europäischen Regionen direkt miteinander und streicht damit jene Regionen hervor, welche ungeachtet der Position des Heimatlandes durch besondere Innovationstätigkeit (verglichen mit allen EU Regionen) herausragen. Der *„Regional National Summary Innovation Index"* (RNSII) bewertet die relative Position einer Region im eigenen Land und macht die lokalen Innovationsführer ausfindig.

Durch die Berechnung des Mittelwertes dieser beiden Indices ergibt sich eine ausgewogene Maßzahl (RRSII), anhand derer schließlich die Regionen verglichen werden können.

Kritik

Die Indexbildung zum objektiven Vergleich von Regionen stößt nicht bei allen Autoren auf ungeteilte Zustimmung. Gehrke und Legler (2001) etwa vertreten den Standpunkt, dass einzelne Regionalindikatoren nicht einfach zu einem Aggregat zusammengefasst werden können. Bei Hochtechnologieregionen werde auf Grund der starken Führungsposition die Messung zwar nicht verzerrt, bei der Untersuchung von weniger innovativen Regionen sei durch diese Methode die Abbildung der komplexeren Realität aber nicht mehr gewährleistet. Schließlich gäbe es auf regionaler Ebene eine Mehrzahl von Potenzialfaktoren und damit auch eine Vielzahl von Wegen die zu mehr Produktivität und Beschäftigung führen können. Besondere Kritik äußern die Autoren auch an der Praxis, „Input"-Faktoren (z.B. FuE, hochqualifiziertes Personal) und „Output"-Faktoren (z.B. Patente) jeweils gleich gewichtet in einen Topf zu werfen. (siehe Gehrke und Legler 2001, S. 24)

D'Agostina (2000) bemängelt die generelle Fokussierung auf Indikatoren. Er streicht in seiner Analyse europäischer Innovationssysteme, die auf einer Umfrage zum Innovationsverhalten europäischer Unternehmen basiert, die Wichtigkeit eines gelungenen Gesamtsystems hervor. Es komme demnach nicht so sehr darauf an bei allen Indikatoren Spitzenwerte zu erzielen, sondern darauf den richtigen Mix zu finden. Die Städte Hamburg und Koblenz sowie weitere acht britische Regionen fungierten hierfür als gute Beispiele. Bei einem hohen Anteil an Personen mit Hochschulabschluss, vielen innovativen Firmen (mehr als 50 Prozent bezeichnen sich selbst als innovativ) und einer hohen Patentaktivität (die Patentanmeldungen übersteigen den EU-Schnitt um das Doppelte) erreichen die FuE Ausgaben nur durchschnittliches Niveau. Die Anzahl der MitarbeiterInnen in FuE Aktivitäten ist sogar verhältnismäßig gering. Ausgezeichnete Werte gibt es bezeichnenderweise jedoch bei der Verbreitung von Innovationen. Dies ist auch die Hauptaussage der Studie. Die Ergebnisse legen die Wichtigkeit einer gelungenen Kommunikation zwischen Wirtschaft und Staat nahe. Dies zeigten auch die Fälle zahlreicher schwedischer Regionen, welche zwar bei den privaten Aufwendungen für FuE in Prozent des Bruttoinlandprodukts (Input-Faktor) einen enorm hohen Wert erreichen (der Anteil übersteigt den europäischen Durchschnitt um das Zehnfache!), aber dennoch auf Grund eines unzureichenden Wissenstransfers zwischen dem öffentlichen und privaten Sektor beim Innovations-Output keine ähnlich spektakulären Ergebnisse erzielen.
Eine optimale Verbreitung der Innovationen führe so D'Agostina nicht direkt zu einer erhöhten Innovationsaktivität der Unternehmen, steigere jedoch die Geburten- und Sterberate von Firmen sowie die Anzahl von Fusionen und Aufkäufen. Dadurch werde die gesamte Wirtschaft in positiver Weise dynamisiert und verjüngt. (siehe D'Agostino 2000, S. 2-10)

Die Europäische Kommission hat sich dieser Argumentationsweise weitgehend angeschlossen und inkludiert in ihrem neuesten Bericht zur Innovationstätigkeit (siehe EK 2003) neben den Bereichen Humankapital, Wissensproduktion und Finanzierung im Gegensatz zu früheren Studien nun auch Indikatoren zur Messung der *Innovationsdiffusion*. Auf Grund der erstmaligen Erfassung dieser Kategorie und der damit verbundenen Unsicherheit über die Aussagekraft werden diese im Index vorerst allerdings nur mit 0,5 gewichtet.

Ob eine Aggregation verschiedenster Indikatoren allgemein zulässig ist und ob bei der gegenwärtig vorherrschenden Untersuchungsmethode nicht die Systemkomponente regionaler Innovationssysteme vernachlässigt wird, bleibt bis auf weiteres ungeklärt. Antworten darauf können nur weitere empirische Untersuchungen geben.

3   Indikatoren und Ausprägung in Europäischen Regionen

Das folgende Kapitel gibt einen Überblick über die Indikatoren, die im EIS 2003 zur Messung von regionalen Innovationsunterschieden verwendeten wurden. Gleichzeitig werden die jeweiligen Ausprägungen in den Regionen dargestellt. Abschnitt 3.1 gibt in diesem Zusammenhang die Reihung auf Basis des regionalen Innovationsindexes wieder. In 3.2 bis 3.5 werden die einzelnen Indikatoren aus denen sich der Index zusammenstellt und welche die vier Kategorien (Humankapital, Wissensproduktion, Wissensübertragung sowie Finanzierung, Output und Märkte) messen sollen, kritisch beleuchtet. Auch hier werden die jeweils besten Regionen hervorgehoben und Schlussfolgerungen abgeleitet. Gegebenenfalls werden auch wichtige Indikatoren anderer Studien erwähnt und eigene Messvorschläge angeführt.

3.1   Innovationsindex

In Kapitel 2.2 wurde die Zusammensetzung des *„Regional Revealed Innovation Index"* *(RRSII)*, die bedeutendste Maßzahl zur Messung regionaler Innovationsunterschiede erläutert. Nun soll das Abschneiden der Regionen gemäß dieses Indexes dargestellt werden. Wie erwähnt wird bei dieser Messung sowohl die absolute Performance der Regionen gegenüber sämtlichen europäischen Mitstreitern gemessen, als auch der Unterschied zwischen den Regionen im selben Land. Es folgt die Auflistung der zwölf innovativsten Gegenden Europas (siehe Tab. 1).

Tab. 1:   Die innovativsten Regionen Europas 2003 (RRSII)

Rang	Region	Land	RRSII *
1	Stockholm	Schweden	1.00
2	Uusimaa (Helsinki)	Finnland	.97
3	Oberbayern	Deutschland	.95
4	Noord-Brabant	Niederlande	.90
5	South East (Camebridge)	Großbritannien	.87
6	Île-de-France (Paris)	Frankreich	.82
7	Stuttgart	Deutschland	.80
8	**Wien**	**Österreich**	**.79**
9	Eastern	Großbritannien	.76
10	Karlsruhe	Deutschland	.75
11	Southern and Eastern	Irland	.74
12	Madrid	Spanien	.72

*RRSII   *Regional Revealed Summary Innovation Index*, basierend auf 171 Regionen für die ein Wert ermittelt werden konnte
Quelle: EK 2003, S. 7.

Die laut diesem Index innovativste Region Europas ist die schwedische Hauptstadt Stockholm, gefolgt von der finnischen Region Uusimaa (Helsinki). Beide Städte punkten durch ein hohes Maß an gut ausgebildeten Arbeitskräften. Weiters sind beide stark dienstleistungsorientiert. Das auf Platz vier liegende Noord-Brabant in den Niederlanden ist dagegen großteils industriell geprägt und besticht durch die hohe Anzahl an Patentanmeldungen. Oberbayern auf Platz drei entspricht einer Mischung beider Typen. Wien landet in diesem Vergleich von 171 Regionen als beste österreichische Region auf Rang acht und konnte sich somit gegenüber dem Vorjahr (Rang 17) um neun Plätze verbessern. Teilweise könnte diese vermeintlich rasante Entwicklung allerdings der geänderten Zusammensetzung des Indexes zu verdanken sein. Nichtsdestotrotz kann sich Wien, die in vergleichbarem Maße wie Stockholm als Dienstleistungszentrum fungiert, im Spitzenfeld behaupten. Die mit beträchtlichem Abstand zweitbeste österreichische Region ist Vorarlberg (0.43) gefolgt von der Steiermark (0.41).

Genauere Analysen ergeben eine äußerst ungleiche Verteilung der Innovationstätigkeit in Europa. Dies entspricht ähnlichen Ergebnissen wie sie für die Vereinigten Staaten publiziert wurden. Auch dort konzentriert sich der Erfolg in Sachen Innovationen auf wenige Regionen, insbesondere im Nordosten (z.B. Boston) und an der Westküste des Landes (z.B. San Francisco und San Diego).

In Europa treten vor allem deutsche und schwedische Regionen positiv hervor. Deutschland kann mit 28 Regionen bei einem oder mehreren Indikatoren einen europäischen Spitzenplatz beanspruchen. Schweden ist mit neun, Großbritannien mit sieben und Finnland mit sechs Regionen bei zumindest einem Indikator vorne. Österreich, Frankreich und die Niederlande weisen jeweils vier Regionen auf. Italien kann trotz der Vielzahl von Regionen nur mit einem Gebiet punkten. Grundsätzlich zeigen die mediterranen Länder die größten Innovationsdefizite.

3.2 Humankapital

Die Ausstattung an Humankapital gilt gemeinhin als wichtige Voraussetzung für Innovationen. Zahlreiche Studien zeigen, dass Hochtechnologieregionen in besonderem Maße von gut ausgebildeten Fachkräften profitieren. Darüber hinaus orientieren sich Hightech Firmen bei ihrer Standortwahl immer mehr an diesem Faktor. Das *EIS 2003* trägt dieser Erkenntnis durch vier Indikatoren Rechnung. Auf die Messvariable *„Studienabgänger in naturwissenschaftlichen Fächern"*, die im EIS 2002 noch inkludiert war, wurde 2003 verzichtet. Die folgende Tabelle enthält eine Auflistung der europäischen Spitzenregionen in den einzelnen Sparten (siehe Tab. 2). Sämtliche Daten dieser Kategorie stammen von der Eurostat Arbeitskräfte Umfrage.

Tab. 2:   Führende Regionen bei der Ausstattung mit Humankapital

Indikator (EIS 2003)	Die fünf führenden Regionen				
Population mit tertiärer Ausbildung (% der 25-64jährigen)	London (GB)	Uusimaa (Helsinki) (FI)	Brüssel (B)	Île de France (Paris) (F)	Stockholm (S)
Lebenslanges Lernen (% der 25-64jährigen)	London (GB)	South East (GB)	Eastern (GB)	South West (GB)	Uusimaa (Helsinki) (FI)
Beschäftigung in Mittel/Hochtechnologie-Produktionsunternehmen (% der Gesamtbeschäftigten)	Stuttgart (D)	Tübingen (D)	Braunschweig (D)	Franche-Comté (F)	Karlsruhe (D)
Beschäftigung im Hochtechnologie-Dienstleistungssektor (% der Gesamtbeschäftigten)	Stockholm (S)	Uusimaa (Helsinki) (FI)	Île de France (Paris) (F)	Flevoland (NL)	Niederösterreich (A)

Quelle: EK, 2003, S. 7.

Auffallend ist die starke Position englischer Regionen in den Kategorien *„Population mit Hochschulabschluss"* und *„Lebenslanges Lernen"*. London nimmt in beiden Bereichen den Spitzenplatz ein, liefert aber ansonsten keine nennenswert guten Ergebnisse. Das geschlossen gute bzw. schlechte Abschneiden einzelner Länder liegt vermutlich zum Großteil daran, dass auch die Bildungssysteme vorwiegend auf Länderebene organisiert sind. Den Regionen bleibt dadurch nur wenig Spielraum für individuelle Akzente.

Die Position der Regionen Stuttgart, Tübingen, Braunschweig und Karlsruhe bestätigt die herausragende Position Deutschlands in der technologieorientierten Produktion. Der Autoindustrie kommt hier besondere Bedeutung zu. Stuttgart profitiert vom ortsansässigen Daimler-Chrysler Konzern, Franche-Comté von dessen Konkurrenten Peugeot.

Die nördlichen Technologieregionen Stockholm und Uusimaa (Helsinki) sowie Flevoland haben sich auf den Dienstleistungssektor spezialisiert. Möglicherweise zeigt sich auch hier der Einfluss großer Konzernzentralen. Stockholm und Helsinki sind die Heimat der international erfolgreichen Firmen Ericsson und Nokia, in Flevoland befindet sich der Hauptsitz von Philips. Auf dem Gebiet von Niederösterreich ist wiederum das größte österreichische Forschungszentrum *„Austrian Research Centers Seibersdorf" (ARC)* ansässig.

Verfeinerte Messung des Humankapitals durch Gewichtung

Im Gegensatz zur relativ einfachen Messung des intellektuellen Kapitals anhand der Akademikerquote unterteilen Gehrke und Legler die hochqualifizierten Arbeitskräfte weiter in einen hochschulischen und einen außerhochschulischen Tertiärbereich. Je nach Ausbildungskapital, welches anhand von Einkommensunterschieden geschätzt wird, werden die verschiedenen Personengruppen unterschiedlich gewichtet. Der Anteil der gering qualifizierten Bevölkerungsteile wird mit 100, derjenige von Erwerbspersonen mit mittleren Qualifikationen mit 130, jener im außerhochschulischen Bereich mit 150 und jener im oberen Tertiärbereich mit 200 gewichtet (siehe Gehrke und Legler 2001, S. 52).

Misst man das zur Verfügung stehende Humankapital in den Regionen nach diesem Schlüssel ergibt sich folgendes Bild (siehe Tab. 3).

Tabelle 3. Führende Regionen bei der Ausstattung mit Humankapital (gewichtet)

Indikator (Gehrke und Legler)	Führende Regionen				
	Rang 1	**Rang 2**	**Rang 3**	**Rang 4**	**Rang 5**
Durchschnittlicher Bildungsstand der Bevölkerung 1997	Berlin (D)	Dublin (IRE) Stockholm (S)	Brandenburg (D) Sachsen (D) Thüringen (D) Mid-East (IRE)	Hamburg (D) Hessen (D) Sachsen-Anhalt (D) South West (IRE)	Bremen (D) London (GB) Mecklenburg-Vorpommern (D) Storstadsplänen (S)

Quelle: Gehrke und Legler, 2001, S. 57-58.

Auffallend bei dieser Erhebung ist das gute Abschneiden deutscher Regionen. Berlin liegt vor Dublin und Stockholm auf Rang eins. London belegt zusammen mit weiteren deutschen und schwedischen Regionen den fünften Platz. Brüssel, Uusimaa (Helsinki) und Île de France (Paris) sind nicht mehr in den vorderen Rängen zu finden. Am unteren Ende der Skala rangieren die portugiesischen Regionen Acores und Madeira.

Der Vorteil dieser Methode liegt darin, dass die Akademiker gemessen an ihrem Marktwert (ausgedrückt durch die Lohnhöhe) unterschiedlich gewichtet werden, wodurch das Humankapital besser geschätzt werden kann. Zudem werden auch nichtakademische Spitzenkräfte wie zum Beispiel autodidaktische Programmierer berücksichtigt. Auf der anderen Seite ist dieser Index aufgrund der unterschiedlichen nationalen Lohnniveaus mit ziemlicher Sicherheit verzerrt. Basiert die Berechnung des Humankapitals nämlich wie hier (wenn auch nur zum Teil) auf der Höhe des Einkommens, so schneiden Regionen in wohlhabenden Staaten in einem internationalen Vergleich tendenziell besser ab.

3.3 Wissensproduktion

Unter dem Titel Wissensproduktion werden im *EIS 2003* die öffentlichen und privaten FuE Ausgaben sowie die angemeldeten Patente verstanden. Der Indikator „*Wertzuwachs durch High-Tech-Produktion*" wurde im Gegensatz zum Vorjahr ausgeklammert.

Ausgaben für Forschung und Entwicklung

Die Ausgaben für FuE sollen die Technolgieorientierung einer Region messen. Dabei sind die öffentlichen Ausgaben von jenen privater Firmen zu trennen. Letztere können als Indiz für eine verstärkte wirtschaftliche Innovationstätigkeit betrachtet werden, erstere zeigen im Extremfall sogar das Gegenteil an. Ein gutes Beispiel dafür sind die Regionen Ostdeutschlands, welche aufgrund ihrer Strukturschwäche besonders großzügig mit öffentlichen FuE Ausgaben versorgt werden. Langfristig dürfte die Technologieorientierung der Region durch das zusätzliche Kapital allerdings sehr wohl gestärkt werden.

Tab. 4: Führende Regionen in der Wissensproduktion

Indikator (EIS 2003)	Die fünf führenden Regionen				
Öffentliche FuE Ausgaben (gesamte FuE Ausgaben minus private FuE Ausgaben) (% des BIP)	Flevoland (NL)	Midi-Pyrénées (F)	Berlin (D)	Braunschweig (D)	Dresden (D)
Private Aufwendungen für FuE (% des BIP)	Västsverige (S)	Braun-schweig (D)	Stuttgart (D)	Stockholm (S)	Oberbayern (D)
High-tech Patentanmel-dungen beim Europäi-schen Patentamt (pro Million Einwohner)	Noord-Brabant (NL)	Uusimaa (Helsinki) (FI)	Oberbayern (D)	Stockholm (S)	Pohjois-Suomi (FI)
Patentanmeldungen beim Europäischen Patentamt insgesamt (pro Million Einwohner)	Oberbayern (D)	Noord-Brabant (NL)	Stuttgart (D)	Stockholm (S)	Uusimaa (Helsinki) (FI)

Quelle: EK, 2003, S. 7.

Bei den öffentlichen FuE Ausgaben führt die niederländische Region Flevoland, gefolgt vom französischen Midi-Pyrénées, Berlin und zwei weiteren deutschen Städten (siehe Tab. 4). Flevoland profitiert besonders stark von der Präsenz nationaler Forschungseinrichtungen und Universitäten.

Für die Wettbewerbsfähigkeit einer Wirtschaft entscheidender sind jedoch die FuE Aufwendungen von Unternehmen. Diese gelten als Indiz für die funktionierende Umsetzung neuer Ideen in kommerzielle Produkte. In diesem Zusammenhang scheinen Firmen in Deutschland und Schweden die besten Voraussetzungen vorzufinden. Sämtliche fünf Spitzenreiter befinden sich in diesen Ländern.

Summiert man die öffentlichen und privaten FuE Ausgaben zu einer Größe, so verschiebt sich die Rangfolge vor allem zugunsten süddeutscher Regionen (siehe Abb. 1). In Braunschweig, Stuttgart, Oberbayern und Tübingen wurden 1997 jeweils mehr als vier Prozent des BIP für FuE aufgewendet. Zum Vergleich, der EU-Durchschnitt beträgt 1,87%.

Abb. 1: Ausgaben für Forschung und Entwicklung 1995

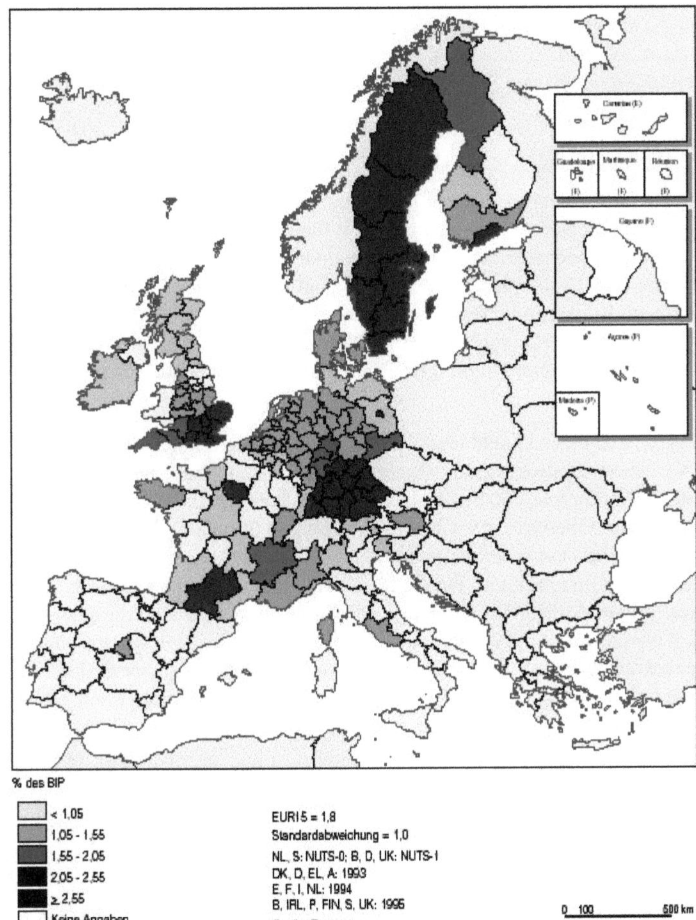

Quelle: EK, 1999, S. 98.

Ebenfalls gut behaupten konnten sich die Gebiete Südost-Englands und die beiden Groß-
räume Paris und Helsinki. Paris (Île de France) ist zugleich jene Region mit den nominell
größten Forschungsausgaben in der EU. Die berechneten 13,4 Mrd. Euro (1999) entspre-
chen annähernd neun Prozent der Gesamtausgaben der EU (siehe Eurostat 2002, S. 1).

Grundsätzlich zeigt sich eine starke Konzentration der FuE Ausgaben, sowohl in Gesamt-
Europa als auch auf Länderebene. Dies trifft besonders auf die Regionen Lisboa e Vale do

Tejo (54% der nationalen FuE Ausgaben), Wien (52%), Attiki (49%), Uusimaa (47%) und Île de France (45%) zu. Die gleichmäßigste regionale Verteilung lässt sich in Deutschland beobachten, wo die aktivste Region Bayern nur 14% der gesamten nationalen FuE Aktivität auf sich vereint. Wirft man den Blick auf sämtliche 211 EU Regionen, entfallen 50 Prozent des Gesamtwertes auf nur 28 Regionen.

Patente[1]

Die Aufwendungen für FuE führen nicht notwendigerweise automatisch zu einer hohen Patentaktivität. Neben zahlreichen anderen Faktoren, wie die Effektivität des Innovationssystems wird die unterschiedliche Leistung auch mit der Art der Spezialisierung einer Region in Zusammenhang gebracht. Die „Unbalanced-Growth"-Hypothese (siehe Baumol 1967) argumentiert, dass Dienstleistungen grundsätzlich ein geringeres Potential für eine technologiegetriebene Produktionssteigerung aufweisen als materielle Güter. Zudem können neue Verfahren und Prozesse rechtlich oft nur sehr schwer geschützt werden. Folglich schneiden Dienstleistungszentren bei Vergleichen anhand von Patentstatistiken schlechter ab.

Die höchsten High-Tech-Patenanmeldungen[2] im Jahr 2001 verzeichneten das Produktionszentrum Noord-Brabant (Philips), sowie Uusimaa (Nokia) und Oberbayern (BMW). Im Jahr 2000 lag noch Oberbayern vor Uusimaa und Noord-Brabant in Führung. Bei den allgemeinen Patenten führt Oberbayern vor Noord-Brabant und Stuttgart.
Ähnlich wie bei den FuE Ausgaben ist auch hier eine starke Konzentration auf wenige europäische Regionen zu beobachten. Deutschland zeigt sich allein für 42% aller EU Patentanmeldungen verantwortlich. Im europäischen Vergleich verteilt sich die Hälfte aller Patente auf 21 Regionen. Im High-Tech-Sektor ist die Hälfte aller Anträge auf sogar nur 13 Regionen beschränkt. Innerhalb der Länder sind die Patentanträge speziell in Attiki (66% aller griechischen Anträge), Uusimaa (49% aller finnischen Anträge) und Lisboa e Vale do Tejo (47% aller portugiesieschen Anträge) konzentriert. (siehe Eurostat 2002, S. 1-3)

Am stärksten hightech-orientiert ist die finnische Region Pohjois-Suomi (52% aller Patentanmeldungen entfallen auf den Hightech-Sektor). Es folgen Uusimaa (52%) und Noord-Brabant und Stockholm mit je 40%.

Personen in FuE Aktivitäten

Betrachtet man den Anteil der in FuE beschäftigten Personen so liegt Stockholm mit 3,65% aller Beschäftigten (1998) voran, gefolgt von Oberbayern mit 3,33% (1997), Braun-

---

[1] Ein *Patent* ist ein staatlich verbrieftes gewerbliches Schutzrecht, das dem Patentinhaber das ausschließliche Recht zur gewerblichen Nutzung seiner Erfindung *für ein begrenztes Gebiet und eine begrenzte Zeit* sichert. Die hier vorgelegten Daten beziehen sich ausschließlich auf die Patentanmeldungen, die beim Europäischen Patentamt zur Nutzung auf dem europäischen Markt eingereicht wurden.

[2] Der „High-Tech-Sektor" umfasst die folgenden Branchen: Luft- und Raumfahrt, Datenverarbeitung und Bürotechnik, Kommunikationstechnologie, Laser, Biotechnologie und Gentechnologie, Halbleiter.

Braunschweig mit 3,18% (1997) und Wien mit 3,14% (1997) (siehe Eurostat 2002, S. 2). Wien profitiert hierbei vor allem von der starken Konzentration der öffentlichen FuE Ausgaben (inkludiert FuE Ausgaben der Universitäten) auf die Hauptstadt.

Science Citation Index

Als weiterer Indikator zur Ermittlung regionaler Wissensproduktion bietet sich möglicherweise der Science Citation Index (SCI) an, mit dessen Hilfe die Anzahl und Qualität wissenschaftlicher Publikationen gemessen wird. Dies erfolgt durch einfaches Zählen der Zitationen einer wissenschaftlichen Arbeit. Dabei wird angenommen, dass eine höhere Zahl an Zitationen mit einer höheren Qualität der Arbeit einhergeht. Mittels spezieller Programme können die Daten entsprechend der einzelnen Regionen ausgewertet werden. Dadurch ließe sich speziell die regionale Leistungsfähigkeit in der Grundlagenforschung abbilden.

Darüber hinaus bietet sich SCI für die Bewertung regionaler Bildungs- und Forschungsstätten an. Studienabgänger von qualitativ höherwertigen Institution könnten damit bei der Messung des Humankapitals stärker gewichten werden.

3.4 Wissensübertragung und Verbreitung

Die Diffusion von Wissen wurde im EIS 2002 noch nicht berücksichtigt, dagegen ist sie im Bericht des Jahres 2003 bereits mit vier Indikatoren vertreten. Ziel ist die Messung der Stärke und des Ausmaßes von Wissensübertragung. Sprich, es sollen die vielfach diskutierten positiven Spillover Effekte in den Regionen erfasst werden. Die Daten stammen von einer Eurostat-Umfrage (CIS-2 Data), die zu diesem Zweck in Firmen in ganz Europa durchgeführt wurde. Die besten Regionen auf Basis dieses Faktors sind in Tabelle 5 aufgelistet.

Tab. 5: Führende Regionen bei der Wissensübertragung

Indikator (EIS 2003)	Die fünf führenden Regionen				
Prozentueller Anteil innovativer Produktionsunternehmen	Koblenz (D)	Karlsruhe (D)	Tirol (A)	Mittelfranken (D)	Schwaben (D)
Prozentueller Anteil innovativer Serviceunternehmen	Saarland (D)	Gießen (D)	Wales (GB)	Burgenland (A)	Arnsberg (D)
Ausgaben für Innovation (% vom Umsatz in Produktionsunternehmen)	Bremen (D)	Östra Mellan-sverige (S)	Saarland (D)	Västsverige (S)	Stockholm (S)
Ausgaben für Innovation (% vom Umsatz bei Serviceunternehmen)	Burgenland (A)	Gießen (D)	Região Autónoma Da Madeira (P)	Saarland (D)	North East (GB)

Quelle: EIS, 2003, S. 7.

Als besonders effiziente Wissensvermittler scheinen sich kleinere deutsche und österreichische Regionen herauszustellen. Gemessen an der Selbsteinschätzung betrachten sich in Koblenz, Karlsruhe und Tirol die meisten Produktionsfirmen als innovativ. Im Dienstleistungsbereich führt überraschenderweise das Burgenland vor Gießen, Madeira, dem Saarland und dem britischen Nordosten. Grund für die gute Position Burgenlands könnte die EU-Osterweiterung verbunden mit den Strukturhilfen des EU Kohäsionsfonds sein. Angeregt durch die öffentlichen Förderungen scheint die ostösterreichische Grenzregion seine Chance als Dienstleistungszentrum und Brückenkopf zwischen der EU und den angrenzenden Beitrittsländern zu nutzen. Bei den von Produktionsunternehmen getätigten Ausgaben für Innovationszwecke führen erneut deutsche und schwedische Regionen.

3.5 Finanzierung, Output und Märkte

Im Jahr 2002 wurden in dieser Kategorie die *Höhe des zur Verfügung stehenden Risikokapitals* (inklusive Hightech-Risikokapital), das *Ausmaß der Internetanschlüsse* und die *Ausgaben für Informations- und Telekommunikationstechnologien* herangezogen. Im Bericht des Jahres 2003 findet sich nur mehr ein Indikator, der „*Anteil neuer Produkte in Prozent des Gesamtumsatzes von Produktionsunternehmen*". Es scheint als hätten sich die zuvor genannten Faktoren als nicht zielführend erwiesen, den Einfluss des Umfeldes auf die Innovationstätigkeit darzustellen. Der neue Fokus auf die erfolgreiche Markteinführung neuer Produkte beschreibt einen direkteren Ansatz, gibt er doch die tatsächliche Fähigkeit von Betrieben wieder Innovationen hervorzubringen. Im Hinblick auf die regionale Verteilung dieser Fähigkeit schneiden abermals deutsche Regionen gut ab (siehe Tab. 6). Vier Regionen dieses Landes konnten sich unter den Top fünf der EU etablieren. Interessant ist das gute Abschneiden Roms. Ohne detaillierte Analyse können die Gründe für diese hervorragende Position (italienische Regionen sind in Innovationsbelangen sonst nur mäßig erfolgreich) allerdings nicht dargelegt werden.

Tab. 6:   Führende Regionen im Bereich Finanzierung, Output und Märkte

Indikator (EIS 2003)	Die fünf führenden Regionen				
Anteil neuer Produkte (% des Umsatzes von Produktionsunternehmen)	Braunschweig (D)	Hannover (D)	Lazio (Rom) (I)	Köln (D)	Saarland (D)

Quelle: EIS, 2003, S. 7.

Diversifikation der Wirtschaftsstruktur

Als möglicher weiterer Faktor zur Bestimmung des Innovationspotenzials könnte eventuell die Diversifikation bzw. Spezialisierung der regionalen Wirtschaftsstruktur herangezogen werden. Dem Konzept der Spillover-Effekte folgend erhöht sich für eine Firma die Chance erfolgreicher Innovationen mit der Zunahme der Dichte ähnlich gelagerter Unternehmen. Ähnliches gilt für Agglomerationen von zwei oder mehreren Branchen, die sich technologisch komplementieren. Der verstärkte Austausch von Wissen quer über Branchen hinweg gilt als wichtiger Anknüpfungspunkt erfolgreicher Innovationen. Beispiele hierfür wären Mobile-banking (Banken/Mobilfunk) und Bioinformatik (Biotechnologie/Informationstechnologie). Befinden sich zwei oder mehrere Technologiecluster auf engem Raum kann von noch mehr „Crossover-Innovationen" ausgegangen werden.

Als erfolgreich diversifizierte Regionen gelten East Anglia und Central Scotland (Edinburgh, Glasgow, Dundee) in Großbritannien, Stockholm-Uppsala in Schweden, Uusimaa (Helsinki) in Finnland, Karlsruhe (Heidelberg) in Deutschland und Dublin in Irland (siehe Audretsch und Feldmann 1998).

4   Zusammenfassung

Die vorliegende Arbeit verschaffte einen Überblick, wie Innovationsunterschiede gemessen werden können und wie sich die Regionen der Europäischen Union in Innovationsbelangen voneinander unterscheiden. Eine ausgereifte Messung ist von Interesse, weil erst auf Basis von vertrauenswürdigen Daten und empirisch geprüften Zusammenhängen, Strategien entwickelt werden können, die die Situation in den Regionen verbessern.

Datenerhebung

Das größte Problem der Messung besteht bei der Verfügbarkeit von Daten, welche noch bis vor wenigen Jahren von jedem EU Land nach eigenen Kriterien gesammelt wurden. Mit der Zentralisierung der Datenerhebung beim Europäischen Statistischen Zentralamt und der in den letzten Jahren kontinuierlich gewachsenen „*Regio-Datenbank*" hat sich die Lage allerdings merklich verbessert. Ein Meilenstein in der Verbesserung der internationalen Vergleichbarkeit der Daten stellt die Einführung des NUTS Schemas dar, welches die europäischen Regionen statistisch standardisiert.

Messmethodik

Die am häufigsten verwendete Methode zur Messung regionaler Innovationsunterschiede ist jene mittels Indikatoren. Dabei werden aus einer möglichst großen Anzahl potentieller Faktoren jene herausgegriffen von denen angenommen wird, dass sie die Innovationstätigkeit am besten beschreiben. Diese werden dann zu einem *Index der regionalen Innovationstätigkeit* zusammengefasst. Fraglich bleibt ob diese Aggregation grundsätzlich zulässig ist und ob damit auch der Systemcharakter regionaler Innovationssysteme adäquat erfasst werden kann.

Im Fall der EU Studie stützt sich der Innovationsindex auf 13 Indikatoren, welche die für Innovation als wichtig empfundenen Bereiche Humankapital, Wissensproduktion, Wissensdiffusion sowie die Kategorie Finanzierung, Output und Märkte abdecken. Anhand dieser Maßzahl, welche für sämtliche EU Regionen berechnet wird, werden dann die Regionen untereinander verglichen.

Ausprägung der regionalen Innovationsunterschiede

Die innovativsten Regionen Europas sind Stockholm, Uusimaa (Helsinki), Oberbayern und das niederländische Noord-Brabant. Damit sind an der Spitze sowohl Dienstleistungszentren als auch Produktionszentren vertreten. Die beiden erstgenannten punkten durch gut ausgebildete Arbeitskräfte verbunden mit hohen Ausgaben für Forschungs- und Entwicklung. Noord-Brabant ist industriell geprägt und besticht durch die hohe Anzahl von Patentanmeldungen. Oberbayern entspricht einer Mischung beider Typen. Wien landet in diesem Vergleich von 171 Regionen als beste österreichische Region auf Platz acht.

Die Analyse zeigt weiters eine äußerst ungleiche Verteilung der Innovationstätigkeit, sowohl quer durch Europa als auch innerhalb der Mitgliedsstaaten. Dies zeigt sich bei der

Verteilung der FuE Ausgaben ebenso, wie bei jener der Patentanmeldungen. Die im Ländervergleich stärkste Konzentration auf wenige Regionen findet sich in Griechenland. Sucht man nach den besten Regionen in den einzelnen Unterkategorien so treten besonders deutsche und schwedische Regionen hervor. Auch Großbritannien und Finnland weisen zahlreiche Gegenden auf, die zumindest mit einem Wert an der europäischen Spitze liegen. Am unteren Ende rangieren die mediterranen Länder. Speziell Portugal und Griechenland schneiden sehr schlecht ab.

Beim *Bildungsniveau der Bevölkerung* führen englische Regionen. Bei der Beschäftigung in Mittel/Hochtechnologie-Produktionsunternehmen liegen deutsche Regionen voran. Die Werte sind allerdings stark von der Präsenz internationaler Konzerne determiniert. Wird der Bereich Wissensproduktion anhand der privaten FuE Ausgaben gemessen, dann verteilen sich die besten fünf Regionen auf Deutschland und Schweden. Gleiches gilt für *betriebliche Ausgaben für Innovation in Produktionsunternehmen*. Weitere regionale Unterschiede können nur individuell zwischen einzelnen Regionen herausgearbeitet werden.

Die Position österreichischer Regionen

Aus österreichischer Sicht positiv ist der Spitzenplatz des Burgenlands beim Anteil innovativer Serviceunternehmen und jener Tirols beim Anteil innovativer Produktionsunternehmen. Das Burgenland punktet weiters bei den durchschnittlichen Ausgaben für Innovationen in Dienstleistungsunternehmen. Niederösterreich erreicht bei der Beschäftigung im Hochtechnologie-Dienstleistungssektor eine gute Bewertung. Eine über viele Kriterien gute Leistungen erbringt allerdings nur Wien. Auf Platz zwei in der innerösterreichischen Gesamtbewertung liegt Vorarlberg. In der Gesamtheit liegen österreichische Regionen damit im EU-Mittelfeld, Tendenz steigend.

Literatur

Audretsch, D. B. and Feldman, M. P. (1998): *R&D Spillovers and the Geography of Innovation and Production. Industrial policy and competitive advantage*, in Audretsch, D. B. (Hrsg.), *Copy-editing: Elgar Reference Collection. International Library of Critical Writings in Economics*, Vol. 84, Cheltenham, U.K. and Northhampton, Mass., Elgar; distributed by American International Distribution Corporation Williston Vt.

Baumol, W. J. (1967): *Macroeconomics of Unbalanced Growth, The Anatomy of Urban Crisis*, American Economic Review 57, 415-426.

D'Agostino, B. (2000): Regional Patterns of Innovation: The Analysis of CIS Results and Lessons from other Innovation Surveys, S. 2-10.

Gehrke, B. und Legler H. (1990): *Innovationspotenzial deutscher Regionen im europäischen Vergleich*. Berlin: Hübl.

Europäische Kommission (1997): *Second European Report on Science & Technology Indicators*, Luxemburg.

Europäische Kommission (1999): *Sechster Periodischer Bericht über die sozio-ökonomische Lage und Entwicklung der Regionen der Europäischen Union*, Luxemburg.

Europäische Kommission (2003): *European Innovation Scoreboard: Technical Paper No 3: Regional Innovation Performances*, Luxemburg.

Eurostat (2002): *Statistik kurz gefasst, Wissenschaft und Technologie*, Nr.°1/2002: „Patentaktivitäten in der EU: Trend zu High-Tech-Patenten 1990 bis 2000" und Nr.°2/2002: „FuE-Ausgaben und FuE-Personal in den europäischen Regionen 1997-1999". Die Ausgabe Nr. 1/2002 enthält auch nationale Statistiken über Patentanmeldungen sowie Vergleiche mit den USA und Japan.

Schumpeter, J. A. (1952): *Theorie der wirtschaftlichen Entwicklung*, 5. Aufl., Berlin.